科技史里看中国

三国两晋南北朝
农业进步

王小甫 ◆ 主编

人民东方出版传媒
People's Oriental Publishing & Media
东方出版社
The Oriental Press

图书在版编目（CIP）数据

科技史里看中国 . 三国两晋南北朝 : 农业进步 / 王
小甫主编 . -- 北京 : 东方出版社 , 2024.3
ISBN 978-7-5207-3743-2

Ⅰ . ①科… Ⅱ . ①王… Ⅲ . ①科学技术—技术史—中
国—少儿读物②农业技术—中国—三国时代—少儿读物③
农业技术—中国—魏晋南北朝时代—少儿读物 Ⅳ .
① N092-49 ② S-092.2

中国国家版本馆 CIP 数据核字 (2023) 第 214197 号

科技史里看中国 三国两晋南北朝：农业进步
（ KEJISHI LI KAN ZHONGGUO SANGUO LIANGJIN NANBEICHAO: NONGYE JINBU ）
王小甫 主编

策划编辑：鲁艳芳			责任编辑：金 琪	
出 版：东方出版社				
发 行：人民东方出版传媒有限公司				
地 址：北京市东城区朝阳门内大街166号		邮 编：100010		
印 刷：华睿林（天津）印刷有限公司		版 次：2024年3月第1版		
印 次：2024年3月北京第1次印刷		开 本：787毫米×1092毫米 1/16		
印 张：5		字 数：67千字		
书 号：ISBN 978-7-5207-3743-2		定 价：300.00元（全10册）		
发行电话：（010）85924663 85924644 85924641				

我很好奇，没有发达的科技，古人是怎样生活的呢？

娜娜，古人的生活会不会很枯燥呢？

娜娜

四年级小学生，喜欢历史，充满好奇心。

旺旺

一只会说话的田园犬。

古人的生活可不枯燥。他们铸造了精美实用的青铜"冰箱"，纺织了薄如蝉翼的轻纱；他们面朝黄土，创造了农用机械，提高了劳作效率；他们仰望星空，发明了天文观测仪器，记录了日食、彗星；他们建造了雕梁画栋的建筑，烧制了美轮美奂的瓷器……这些科技成就影响了古人的生活，推动了中华文明的历史的进程，甚至传播到世界各地，促进了人类文明的进步。

中华民族历史悠久，每个时期都有重要的科技发展。我们一起去参观这些灿烂文明留下的痕迹吧，以朝代为序，由我来讲解不同时期的科技发展历史，让我们一起从科技史里看中国！

机器人洋洋

博物馆机器人，数据库里储存了很多历史知识。

目录

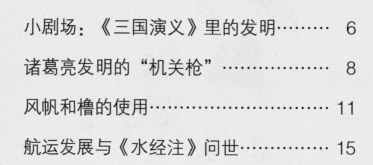

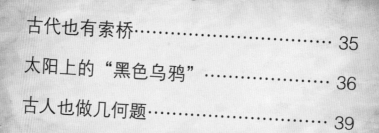

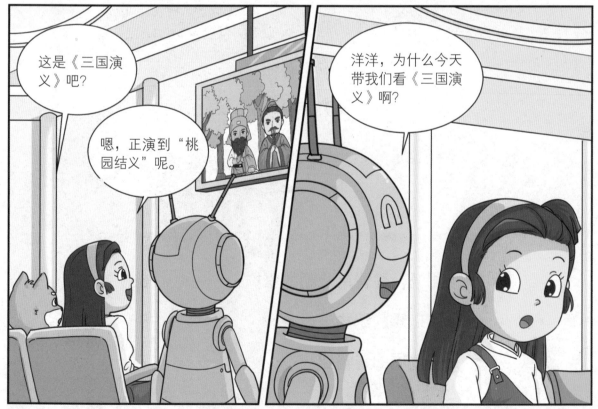

因为今天我们的博物馆之旅，要从三国时代开始啊！

好耶！

那么，你们对三国故事的印象是什么？

我印象最深的是诸葛亮好聪明啊！

诸葛亮确实很聪明，他还发明过很多古代机械呢。

7

诸葛亮发明的"机关枪"

我们熟悉的蜀国丞相诸葛亮，不仅是军事家，还是发明家。三国时出现了一种可以连续射击的"机关枪"，据说就是他发明的。这种武器的正式名字叫连弩，是在汉弩的基础上优化而来的远射武器，杀伤力极大。连弩带有箭匣，匣内装 10 支箭，可以实现连续射击。

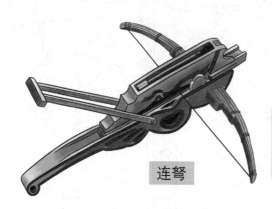

连弩

连弩在汉弩的基础上增加了箭匣，可以连续射击，杀伤力堪比"机关枪"。

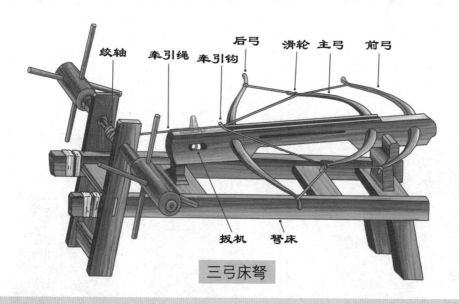

绞轴　牵引绳　牵引钩　后弓　滑轮　主弓　前弓

扳机　弩床

三弓床弩

三弓床弩是古代大型远射兵器。它有几张大弓的巨型弩安置在弩床上，使用时多人绞动轮轴，牵动引绳张开弓弦并扣在弩机牙上。发射时，用木槌敲击弩床扳机，射出巨箭，射程最远可达 1500 多米。

汉末、三国是战乱的年代，各国互相攻伐，催生出了许多大型攻城机械。汉朝出现的军事机械如抛石机，在三国时期有了广泛应用，它的攻击威力堪比古代的大炮。另外，如巢车、撞车等大型机械，虽然考古学家没能确认其具体出现的时间，但是可以推测，在隋唐以前就已经开始使用了。

抛石机

早在几千年前，中国人就发明了利用杠杆原理投掷石头的抛石机。抛石机在机架两支柱间设有固定横轴，上有与轴垂直的抛杆，可绕轴自由转动，抛杆顶端系皮兜以装石头。

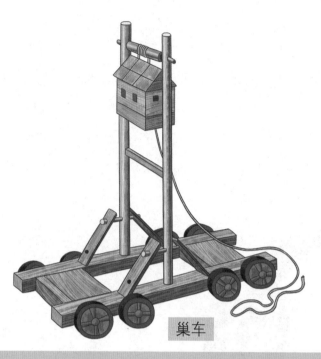

巢车

在战争中，侦察敌军的举动是非常重要的情报搜集工作，而巢车正是专供观察敌情使用的瞭望车。车子的底部安装了轮子，可以推动，车上竖起两根长柱子，柱子的顶部装有辘轳（滑车），辘轳上绑有木板屋，木板屋的四面共设十几个瞭望孔，方便观测各个方向的敌情。

撞车

撞车是一种装有撞头的可以移动的攻城器械，主要用于捣毁城门和撞击云梯。操作时需由数名兵士推动，使撞头来回移动。

风帆和橹的使用

汉末至三国的时期，战船的结构也得到了优化。

风帆是利用风力为船舶前进提供动力的装置，这项技术在汉末、三国时期发展极快。船只如果仅使用一张又高又宽的帆，很容易不稳，而用多帆，不仅可以增大动力，还可以保证船只的航行稳定。根据记载，在三国时，最大的船甚至会使用7张帆。

《三国志》记载赤壁之战时，曾详细描述过一种叫作斗舰的战船，在当时称得上是最先进的战船，行驶速度快，机动灵活性好。赤壁之战时，周瑜采纳了黄盖的火攻计，让几艘装了木柴等燃料的斗舰攻入北方军队的舰队中，迅速点火，把曹操的军队烧了个措手不及。

斗舰模型

斗舰流行于三国至唐代。船身两旁开有插桨用的孔。船体四周兼有用于侦察的女墙，女墙上有箭孔，可以射箭攻击敌人。甲板上有棚，棚上也设有女墙。船尾高台上有士兵负责观察水面情况。

走舸

舸（gě）在三国之前是指大型船舰，但三国时期出现一种名叫"走舸"的中小型战舰。走舸的特点是体型小、速度快、机动灵活，大致分单舸、双舸两种。据说，赤壁大战之前，刘备就乘着单舸去见周瑜。

春秋时期，我国已经出现了结构简单的楼船。东汉时期，人们建造木制高楼的技术提升以后，将高楼建筑与船舰结合了起来，制造出了更先进、更稳固的楼船。

三国时期，水战规模很大，每股势力都会派出大量水军参战。要运输这么多军人，自然要使用大型战舰。

三国时的战舰有多大？据《三国志·董袭传》记载，吴国当时有一种5层楼高的楼船，可载水军3000人。晋政权建立后，魏国也建造过一种巨型战舰：他们把许多单体舫船连在一起，组成了大号连舫战船。据说，这种超级战舰可载水军2000人，但由于其制作困难，使用时灵活性差，所以后来就渐渐消失了。

《洛神赋图》里的双体舫船

东晋《洛神赋图》中的双体舫船，是将两只单体舫船连在一起制成的。我们可以想象，晋军使用的连舫应该也采用了这种结构，只是规模要大得多。

掌舵的水军

战船要掉头、改变航向，全靠舵的控制。在三国时期，船舵的制造技术也有了进步，当时，军队中还出现了专门掌舵的士兵。据记载，孙权在测试新船的时候，忽然之间遇上了大风，便命令把船驶入樊口，在掌舵水军的操作下，船很快停到了码头。由此可见，三国时期的驾船技术和对船舵的运用已经颇为纯熟。

橹是与桨不同的划船工具，它比桨大，支在船尾或船身的支架上，需要驾船者摇动。摇橹不仅能为船只前进提供动力，还能通过调整橹板的入水角度，有效控制船只的前进方向。这种划船工具在汉朝已经出现，到了汉末、三国时期，得到了进一步普及。

摇橹

航运发展与《水经注》问世

　　航运在三国时期发展很快，由于当时的各个政治中心往往与产粮区相距较远，所以运输手段就显得非常重要了。曹操统一北方以后，主持了大量疏浚（jùn）运河的工作，他先是疏浚了汴渠，几年后又修了枋（fāng）头堰，使白沟成为运河。后来，曹操又命人修建了平虏渠和泉州渠，这样，黄河、淮河和海河得以贯通，形成了便捷的北方水运网络。在南方，吴国也开建了一条破岗渎运河，连通了句容和丹阳，为了方便船舶行驶，还在运河沿途设置了土坝和拖船设施。

　　东晋时，军事家桓（huán）温命人在荆州城外修建了金堤，开启了长江中游最险峻的荆江河段的防洪工程。这一项工程在历史上经过多次修缮、改建，成为了保护江汉平原的重要屏障。

荆州城外金堤

北魏年间，还有一部反映当时水利科技成就的著作问世，这就是郦道元所著的《水经注》。《水经注》全书40卷，以汉朝成书的《水经》为蓝本，加入了注释和补充，记录了1200多条河流及沿岸历史遗迹、人物掌故、神话传说等，对研究中国古代的历史、地理有很重要的参考价值。

《水经注》

> 《水经注》记录了大量地貌、植被、土壤、物产、人口、交通、风俗等内容。

郦道元为了著作此书，搜集了大量文献资料，引书多达437种，辑录了汉魏金石碑刻多达350余种，他还亲自实地考察，寻访古迹，采录了不少民间歌谣、谚语方言、传说故事等，并对各种资料进行了认真的分析研究。因此，《水经注》虽然成书于北魏，但实际上是对北魏以前的古代地理总结。

魏晋南北朝的音乐艺术

在汉朝以前，要调校乐器的音准，一般会以弦乐器的音高作为参照。但用弦乐器调音并不方便，首先调音过程中弦线可能会崩断，其次弦音易出现偏差。要怎么解决这个问题呢？古人发明了专门的调音工具——"律管"。

律管一般有 12 只，称为"十二律管"。每根长度都不一样，不同长度的律管发出的音高也不一样。由于律管的长度不会随意更改，所以其发出的音高也是相对固定的。为了更方便描述这 12 种音高，古人起了 12 个优雅的名字，称为"十二律"。

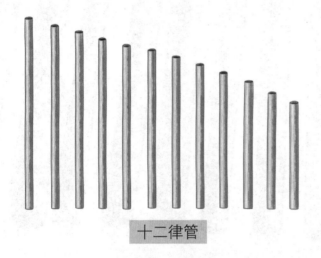

十二律管

海昏侯墓出土的律管

这只玉律出土于西汉海昏侯墓，经考古专家考证，它就是史书中多次提到的"黄钟律管"。它的出土证明中国古代已经具备了完善的绝对音高概念，而且已制作出确认音高、校对音准的基准器。

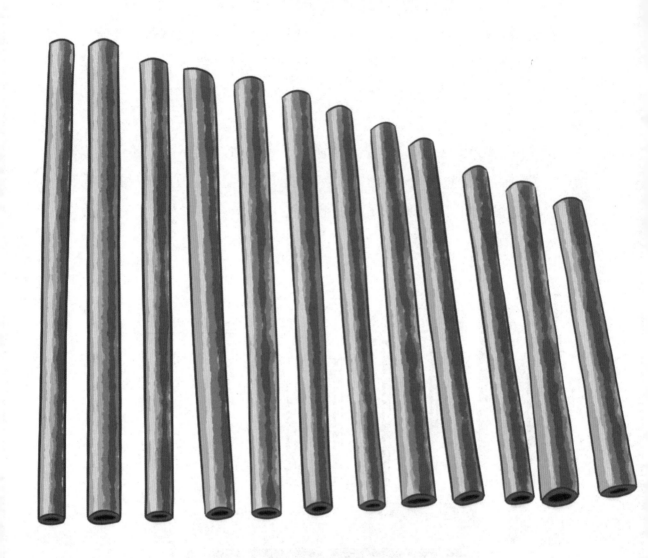

马王堆出土的竹律管

　　湖南长沙马王堆出土的律管由刮去表皮的竹子制成，分别装在 12 个筒形袋中。这套律管为汉景帝时期所制，最长的约为 17 厘米，最短的约为 10 厘米。律管下部有墨书的十二律的名称。

在经历了汉末、三国的战乱之后，西晋王朝统一了全国。但西晋的政权不像汉朝那样稳固，在贵族内乱和胡人入侵的影响下，西晋皇室逃到建业重新建立了政权，这就是东晋；不过东晋也没能维持多久，很快又分裂成了多个小政权，这就是南北朝。从西晋统一到隋政权建立之前的几百年间，虽然各个政权不断更迭，战乱不断，但科技的进步使艺术领域也迎来了一轮繁荣的发展。

小知识

三国曹魏时期，宫廷中曾设置乐府机构太乐署，后来这个机构延续到了西晋。太乐署除了掌管为宫廷效劳的乐师和艺人外，还负责培训音乐人才。

太乐署

魏晋时期，贵族的身份都是世袭的，他们生活优渥，从小就学习儒家经典、书画、音乐等。历史上著名的"竹林七贤"就是这样一群精通艺术的名士。竹林七贤是指嵇（jī）康、阮籍、山涛、向秀、刘伶、王戎及阮咸，他们大都出身名门，饱读诗书，但不愿做官，常常聚在竹林中，弹琴、唱歌、喝酒。

《竹林七贤与荣启期》砖画

这幅砖画由200多块砖拼合而成，出土于南朝古墓。画中的竹林七贤是魏晋时的人物，荣启期是春秋时人，画作者之所以将他们放在一起，是因为他们有相同之处。

嵇康与《广陵散》

竹林七贤之一的嵇康是三国时期曹魏思想家、音乐家、文学家。他通晓音律，酷爱弹琴。演奏的古琴曲《广陵散》知名度极高，并作有琴曲"嵇氏四弄"等。

魏晋时期，出现了一批精通音律的音乐家，除竹林七贤中的嵇康、阮咸外，还有左思（琴家）、刘琨（琴家）、列和（笛箫演奏家）等。这些音乐家都是官员，他们研习音乐是出于自身爱好。

阮咸弹奏阮

阮咸是竹林七贤之一，擅长弹奏一种四弦乐器，后人便将这种乐器命名为"阮"。

与身份高贵的音乐家不同的是，当时的社会上还出现了一个专门从事音乐表演的群体，叫"乐人"。乐人的社会地位很低，他们的身份被登记在乐籍中。在当时，籍是一种世袭的身份登记信息。北朝时的乐籍制度规定了这些人可以入籍：罪犯、战争中的俘虏及其妻女后代。人们一旦入了乐籍，就很难再改变阶层了。

这个展厅都是模拟的敦煌洞窟的壁画和雕塑。

为什么要模拟？直接去看实物不行吗？

现在敦煌为了保护洞窟，已经限制了游客数量。

原来如此。

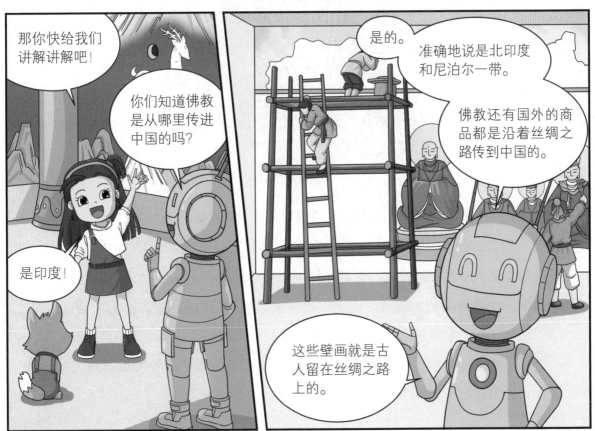

那你快给我们讲解讲解吧！

你们知道佛教是从哪里传进中国的吗？

是印度！

是的。

准确地说是北印度和尼泊尔一带。

佛教还有国外的商品都是沿着丝绸之路传到中国的。

这些壁画就是古人留在丝绸之路上的。

西天取经的第一人

很多人都知道唐代的玄奘到过印度，但其实，历史上有明确记载的第一位到印度取经的和尚不是唐玄奘，而是东晋的法显。佛教自东汉时传入我国，到法显生活的东晋时期，已经有了一定规模的发展。但当时戒律经典比较缺乏，佛教徒无法可循。为了改善这种情况，法显决定西行去天竺取经。

法显像

公元399年，法显带着几个徒弟从长安出发，向西前行。他们经河西走廊、敦煌、焉耆等地，穿过塔克拉玛干沙漠抵于阗，再越过帕米尔高原，经今巴基斯坦进入今阿富汗，最后到达了天竺。当时的南亚不是一个统一的国家，而由许多小城邦组成。法显在那里游历了多个城邦，收集了大批梵文经典，然后从狮子国（今斯里兰卡）乘船东归，最后经耶婆提（今印尼苏门答腊岛、爪哇岛）回到了中国。这趟行程耗时14年，途中经历了各种困难和危险，但法显凭着坚忍的毅力和勇气坚持下来了。

法显游历天竺

法显西行途经了 30 多个国家，带回了《方等般泥洹经》《弥沙塞律》
等多部梵文经典。

回国之后，法显着手翻译经典，共译出了6部经典63卷。他翻译的《摩诃僧祇律》，也叫大众律，为五大佛教戒律之一，对后来的中国佛教发展产生了深远的影响。在翻译经典的同时，法显还将自己西行取经的见闻写成了一部不朽的世界名著——《佛国记》。这是一部学术价值极高的地理学、风俗学著作。

刻有天竺超日王的金币

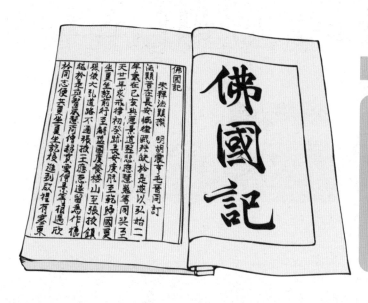

《佛国记》

不仅记录了途经30多个国家的地理情况、人文风俗，还记录了中国南海的信风和航船情况，对于中国南海交通史的研究十分重要。

佛窟中的美术精品

南北朝时期，佛教开始在中国快速传播。随着佛教一起进入中国的，还有中亚、古印度的建筑、绘画和雕塑。古代的僧侣们选择在崇山峻岭之间开凿石窟，并在石窟里修行，这种石窟寺文化沿着丝绸之路被带到了中国。

在今天新疆拜城克孜尔镇，保存有大量精美的佛教石窟。早期石窟多为方形，前室凿有露天大佛像，随后发展出了以柱窟为中心的洞窟组合。克孜尔千佛洞的雕塑和壁画非常精美，可惜很多精品都被盗凿。

克孜尔千佛洞

大约始凿于公元 3 世纪末到 4 世纪中叶，于公元 8 至 9 世纪衰落。这是我国开凿最早、地理位置最西的大型石窟群。洞窟前的雕塑，是为纪念出生在当地的高僧鸠摩罗什所立。

克孜尔 77 窟壁画

壁画使用的画法，及图中人物的服装都具有明显的古印度风格，展现了石窟壁画与中原美术融合前的情况。

描绘男性飞天的克孜尔壁画

我国现存的佛教石窟群中，最著名的应该是敦煌莫高窟。莫高窟有洞窟 735 个、壁画 4.5 万多平方米、泥质彩塑约 2415 尊，被誉为"佛教艺术宝库"和"中世纪的百科全书"。

小知识

说起洞窟壁画中经典的飞天形象，我们一般都会想到女性，但其实在克孜尔千佛洞中，还有许多男性飞天菩萨像。

据《李克让重修莫高窟佛龛碑》一书记载，莫高窟始凿于公元366年。此后一直持续修建了1000多年。南北朝时的北魏、西魏和北周等政权都崇尚佛教，石窟建造得到王公贵族们的支持，发展很快。这一时期的洞窟壁画，为中国的美术史、佛教史，及西域历史研究提供了宝贵的资料。

莫高窟435窟雕塑

莫高窟248窟壁画

缦网相释迦说法图创作于北魏时期，画中的佛像既保有西域飞天的特点，又受到了汉族绘画的影响。

莫高窟 259 窟彩塑佛像

此窟开凿于北魏年间。佛像位于北壁下层龛，是整个敦煌石窟彩塑的代表作品。坐佛高 0.92 米，波发高髻、脸面浑圆、体态端庄，体现了我国传统艺术品形神兼备的特点。

莫高窟 257 窟《九色鹿经图》

此窟开凿于北魏年间。用"连环画"的形式描绘了佛教故事。这幅壁画也是动画片《九色鹿》的灵感来源。

莫高窟 254 窟壁画

此窟开凿于北魏年间，其中壁画保留了明显的中亚绘画特色。

麦积山 133 窟

　　此窟开凿于北魏。窟中的小沙弥稚气未脱，大约只是个 10 岁左右的孩童。这尊造像不论是外形塑作，还是内心情感的刻画与表现都属于北魏时期的经典作品。

小知识

　　麦积山石窟有 1600 余年历史，是我国四大石窟之一。在甘肃，有"北敦煌，南麦积"的说法，这里保留了大量北魏至明清的精美雕塑。

麦积山石窟

南北朝时期，笃行佛教的不只是北方政权，南方政权也兴建了很多佛寺、佛塔建筑。唐代诗人杜牧曾写下"南朝四百八十寺，多少楼台烟雨中"的诗句，表现了南朝的佛寺之多。和北方的石窟寺一样，南朝的佛寺中也流行画壁画，我们熟知的成语"画龙点睛"就是以南朝佛寺画家张僧繇画龙为蓝本创作的故事。

印度式舍利塔

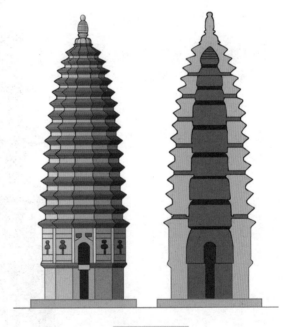

嵩岳寺塔

佛塔本来是埋葬高僧舍利的墓葬建筑，这种建筑也随着佛教一起传到了中原。在佛教本土化的过程中，佛塔这种建筑与中原的建筑样式有了融合。

目前中国存世的最古老的佛塔是河南登封嵩岳寺的砖塔，这座塔修建于公元520年，一共有15层，塔外轮廓呈椭圆形，属于密檐式佛塔，较贴近印度建筑的风格。

东汉时期，中原的高层楼阁建筑已经很成熟。佛塔这种建筑进入中国后，与楼阁建筑发生了融合，演变出了楼阁式佛塔。楼阁式佛塔更加高大，可以登临，是一种更具中国建筑特色的佛塔。北魏政权的都城中心就耸立着一座高层木塔建筑，叫永宁寺塔，它是北魏都城的标志之一。可惜仅在建成16年后，就被焚毁了。

北魏永宁寺塔复原图

据史料记载，孝文帝迁都洛阳后，大规模兴建佛寺，使得洛阳的佛寺数量剧增。永宁寺塔建于公元516年，规模之大、建筑之华丽，为当时洛阳之最。图中的佛塔是研究者根据史料复原的效果图。

古代也有索桥

悬索桥起源于中国，在东晋的《华阳国志》中，就记载了西南地区有一种用竹篾做成的索桥，叫作笮（zuó）桥。四川都江堰的安澜桥，就是古代笮桥的延续。清朝的《盐源县志》中记载道："周赧王三十年，秦置蜀守，固取笮，笮始见于书。至李冰为守，造七桥。"大意为"公元前285年，李冰来到四川做蜀地太守，修建了7座笮桥"。研究者由此推论竹篾索桥起源于公元前3世纪。到了南北朝时期，索桥在南方已经比较常见。

安澜桥

建筑学家梁思成曾亲手为安澜桥绘制结构。原安澜桥不知始建于何时，据说宋以前叫珠浦桥，明末毁于战争，清代仿旧制重建，改名安澜桥。1982年，这座桥被列为国家级文物。

太阳上的"黑色乌鸦"

在中国古代的神话中，人们对太阳进行了这样的描述：古代有 10 个太阳，他们栖息在东方巨大无比的扶桑树上，由金乌背负着，轮流到人间巡行。后来不知为何，10 个太阳都出现在了空中，人类无法生存，于是后羿射下了 9 个太阳。随着太阳落地，三只脚的金乌也一只只坠落下来。这个神话中的金乌就是乌鸦，古人普遍将之视作太阳神。但近年来，有人大胆猜测，古人之所以将太阳与这种黑色的鸟联系起来，是因为他们观测太阳的时候，看到了太阳上的黑斑——这黑斑就是太阳黑子。

马王堆帛画上的太阳和仙界

太阳黑子是太阳光球上的黑点，这些斑点内的温度要低于其他地方。全世界公认的对太阳黑子的最早记载来自西汉年间的《汉书·五行志》，其中对太阳黑子的描述非常细致：由于太阳黑子的形态各有不同，书中的描述有"如钱""如环""如鸡卵""如鸟""如飞燕"等。魏晋南北朝时，人们观测到的太阳黑子活动明显增多，当时的观测记录是现代科学家研究古代太阳活动、气候周期的宝贵资料。

东晋的天文学家虞喜在对太阳进行观测时，还有一个了不起的发现——虞喜在观察了太阳从第一年冬至运行到第二年冬至的时间后，得出了太阳"在缓慢地向东移动"的结论。他由此计算出了岁差，并将这个观测结果纳入了自己的《安天论》。

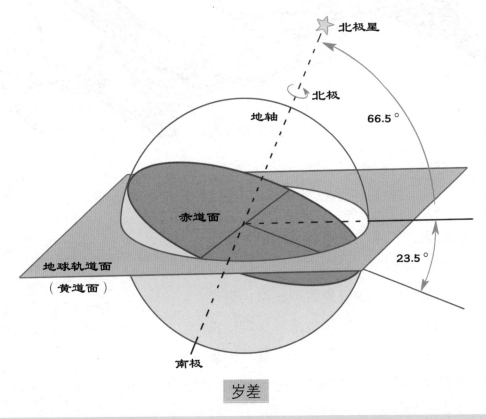

岁差

岁差（chā）指地球自转轴长期进动，引起春分点沿黄道西移，致使回归年短于恒星年的现象。

虞喜像

　　我们现在知道，岁差就是回归年短于
恒星年的一种现象，来源于地球公转和地
轴运动的影响。这种现象看似细微，但经
年累月就会对历法的准确性造成影响。虞
喜的发现解释了古代历法冬至、夏至出现
时间偏差的问题，对天文研究的意义很大，
南北朝的祖冲之就是在岁差的基础上，编
写出了新的历法《大明历》。

小知识

　　虞喜结合古代天
文资料和自己的观察
结果，算出了太阳运
行位置的差异为 50 年
退 1 度，这比几百年
前的古希腊科学家更
精确。

古人也做几何题

魏晋时期，中国古代数学进入了理论奠基的新时期。数学家刘徽运用无穷小分割的方法以演绎逻辑为主的推理形式，对《九章算术》的大量公式和解法进行了证明。他还用无穷小分割方法——"割圆术"推演了圆面积公式，将圆周率计算到了 3.1416——这一数值比东汉张衡推算的 3.162，三国时王蕃推算的 3.155 都更精确。

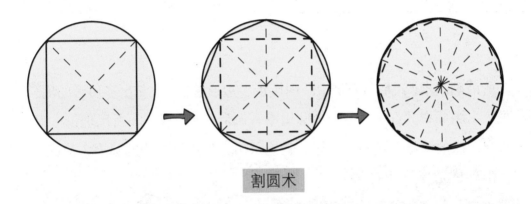

割圆术

割圆术是把圆周分成三等分、六等分、十二等分、二十四等分，这样继续分割下去，所得的多边形周长就无限接近于圆的周长。

在立体几何领域，刘徽为了推证直线型立体的体积算法，利用三种基本几何体，以及无穷小分割法推演，为论证直线型立体的体积算法奠定了理论基础。

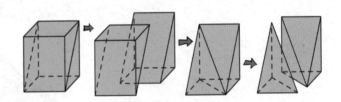

"邪解堑堵"模型

"堑堵"是算学术语，是一长方体沿不在同一面上的相对两棱斜切所得的立体，即两底面为直角三角形的三棱柱。左图中下半部分从左至右3个模型的体积比为 3：1：2。

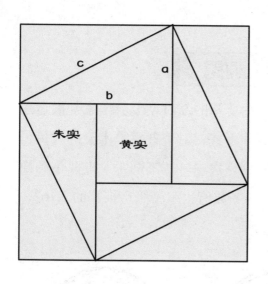

与刘徽同时代的数学家赵爽，用出入相补方法对勾股定理做了论证，并将勾股定理以图画的形式做了简洁、直观的表达。

赵爽所作《弦图》原理

《弦图》是证明勾股定理几何方法中最为重要的一种。

所谓割圆术，就是不断倍增圆内接正多边形的边数，测出多边形的周长，再推算出圆周率的方法。由于"圆周率 = 圆周长 / 直径"，所以理论上只要经过很多次的测量和耐心的计算，就能得出无限接近正确的圆周率数值。

南朝的数学家祖冲之，在刘徽的"割圆术"基础上，将圆周率推演到了小数点后 7 位，这项纪录直到 16 世纪才被外国科学家打破。

祖冲之像

小知识

祖冲之是南朝的数学家、天文学家、机械制造家。他计算出的圆周率在近 1000 年里保持了世界领先水平，因此曾有日本科学家提议将圆周率命名为"祖率"。

圆周率的应用很广泛，尤其是在天文、历法方面，凡牵涉到圆的一切问题，都会使用圆周率来推算，因此祖冲之得出如此精确的圆周率，对古代中国的数学、天文学都有着极大的推动作用。

祖冲之撰写了数学专著《缀术》，其中的数学思想极其高深，已经涉及二次代数方程求解正根的问题。在数学领域以外，他在天文历法、机械制造方面也有很多建树。例如，他根据自己观察的金、木、水、火、土五大行星的运动轨迹和时间，给出了更精确的五星会合周期。他还发明了千里船、定时器等机械，并根据古籍记载复原了失传的指南车。

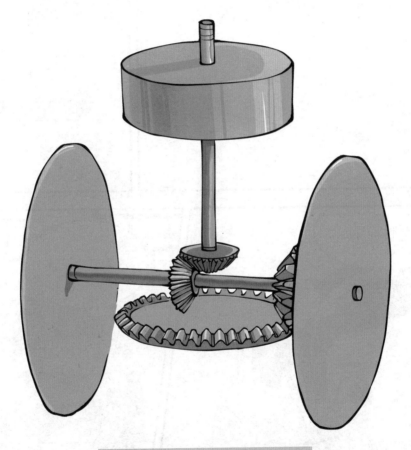

祖冲之制指南车内配件想象图

祖冲之复原了失传的指南车，并把车内的配件全部换成了铜部件。史书记载，他制造的指南车轮轴构造精巧、运转灵活，无论怎样转弯，总能准确地指向南方。

古代商家，为了显示自己卖的琥珀货真价实，会用布摩擦琥珀，再用琥珀吸附草芥。

我懂了！他们是用了静电吸附。

吸上来了！

古人生活中的"魔法"

你听过"曹冲称象"的故事吗？曹冲是曹操的儿子，在他 6 岁的时候，吴国的使臣给魏国送来一头大象。曹操临时起意，想让大家出主意，称出大象的重量，可大象太大了，大臣们都想不出称重的办法。这时曹冲站了出来，他说："把大象赶到小船上，用刀子在小船下沉的地方刻上记号，再把大象赶下船，往船上放石块，到了刚才刻的记号就停住，然后称船上的石头，这样就可以知道大象的重量了。"这是一个利用浮力换算重量的例子，从这个故事中我们能看出，早在三国时，人们便已经掌握了这一物理知识。

曹冲称象

1. 把大象赶到船上，在船身平行于水面的地方做下记号。

2. 把大象带回岸上。往船上搬石头，直到船身下沉到记号为止。

3.称出刚才船上所有石头的重量，就可以知道大象的体重了。

　　汉朝至魏晋的人们，不仅认识到了浮力和重量的关系，还发现了大气压的存在。汉朝人曾发明一种叫"喝乌"或"过山龙"的竹制水管，只要在管中制造局部真空，就能让低处的水沿竹管升入高处，这即是现代人所说的"虹吸现象"。据《后汉书》记载，东汉宦官曾命人制造喝乌，将路边沟渠中的水引至高处喷洒路面。魏晋时期，人们还将喝乌与铜壶机械结合起来，制造出了一种计时器。

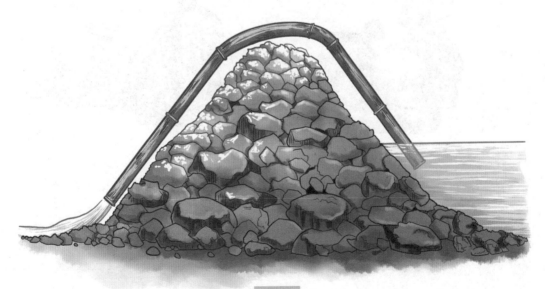

喝乌

西汉时期成书的《淮南万毕术》就有关于冰透镜的记载：把冰块削成圆形，再拿到太阳底下聚光，就可以点火。我们现在知道，"削冰取火"就是利用凸透镜对光的折射原理取火。晋朝的张华对这种现象做了补充：把冰块换成大的水晶球或者琉璃球同样可以取火。

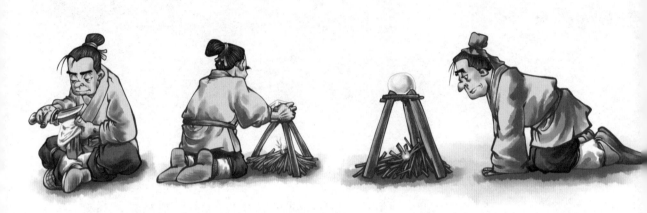

削冰取火

利用凸透镜，将光聚拢至一点，很容易点火。这是古人对凸透镜生活化应用的例子。

中国人在春秋战国时，便认识到了磁力对金属的吸附作用，战国时成书的《吕氏春秋》中就有"慈石引铁"的说法。正是对磁力、磁场有了一定认识，人们才制作出了司南。到了魏晋南北朝，医学家葛洪还开始利用磁力为患者治病。

　　葛洪的《肘后备急方》中对小孩吞下金属物，提出了治疗方法：可以拿一块枣核大小的磁铁，把磁铁磨得光滑，在磁铁上钻出一个小孔，用一根线穿过磁铁上的小洞，叫小孩把磁铁含在嘴里，金属物就会被磁铁吸出来。

葛洪利用磁石治疗小孩吞物

1600 年前的测量仪器

汉朝时，很多用于生活的小型机械已经出现，比如测风向的"相风铜乌"，测圆柱体直径的卡尺等，魏晋南北朝的工匠对这些机械进行了改良，使之更加实用。这一时期还出现了测时间的秤漏等装置。

相风铜乌

这是一种测风向的装置，东汉时的相风铜乌由铜铸成，形同一只凤鸟，将杆立于屋顶、城墙，凤鸟会随风转向，鸟头对着风吹来的方向。晋朝时，以木制凤鸟取代了铜制测风器，鸟尾指向来风的方向。

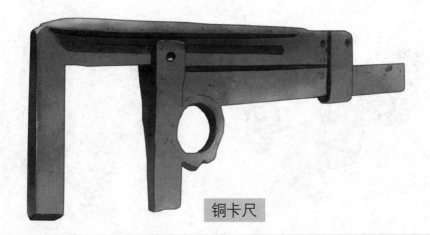

铜卡尺

铜卡尺是新朝王莽年间出现的测量圆柱体外径和孔洞深度的仪器。

秤漏

秤漏是一种计时机械。它是在称量流入容器中水的重量后，将其换算成时间的。最早的秤漏由北魏的道士李兰发明。秤漏供水壶通过虹吸管将水引入受水壶中，受水壶悬挂在秤杆的一段，秤杆上挂有铜权并标有时间刻度。

天平式湿度仪

天平式湿度仪是世界上出现得最早的湿度仪。西汉初年的《淮南子》中就记载了人们用羽毛、木炭测定湿度的例子。湿度仪使用时，要把羽毛和木炭分别放在天平两端，使它们重量相等。由于木炭具有吸湿性，当空气中水汽增加时，木炭就会变重导致天平倾斜。

可不要小看古人哦。他们发明的很多东西，直到现在科学家都复原不出来。

你们听过诸葛亮发明的"木牛流马"吗？考古专家现在都不知道这种东西是怎么做的呢。

沿用至今的高效农业机械

农业生产是关乎古代国家存续的大事，所以魏晋南北朝时期，很多科学家、机械发明家都参与到了农业机械的制作、改良中来。魏晋发明家杜预发明了连机碓和水转连磨。一个连机碓能带动好几个石杵一起舂（chōng）米，一个水转连磨能带动9个磨同时磨粉，这大大增加了农产品加工的效率。祖冲之在杜预的基础上改良了水碓，把水碓和水磨结合起来，这种工具直到20世纪仍在使用。

连机碓

连机碓利用的是杠杆原理。工作时，大型卧式水轮带动装在轮轴上的一排错开的拨板，拨板推动碓杆，安装在碓杆上的碓头就可以连续不断地舂米。

水转连磨

水转连磨工作时由 1 个大轮轴带动 3 个小轮轴，小轮轴再带动 9 个磨同时进行捻磨，效率非常高。

磨车

磨车又叫行军磨，出现于南北朝时期，可以让军队在行进过程中磨面。车轮附有立轮，立轮带动平轮，平轮中轴上安装有磨盘，利用车辆与地面间的摩擦力带动磨盘旋转。

舂车

舂车的运作原理和磨车相似。它在立轮轴上安装凸轮式拨子，当车子前进，安装在牲口拉动的车子上的碓会带动拨子，拨动舂杆，一边行车一边舂米。

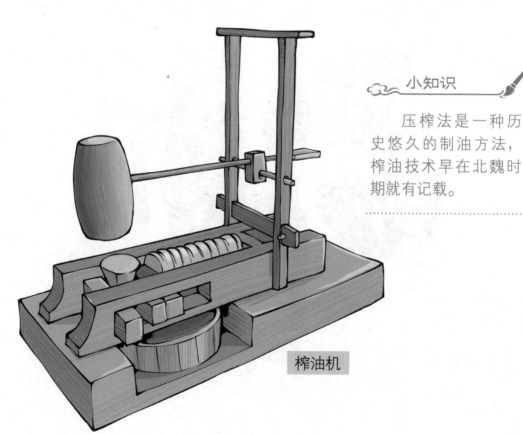

榨油机

小知识

压榨法是一种历史悠久的制油方法，榨油技术早在北魏时期就有记载。

古代的北方地区经常发生旱灾，为了保持水土，稳定作物产量，战国时出现了"深耕熟耰（yōu）"的农业指导思想，即用牲畜翻地，然后经过耙、耱（mò）操作破碎土块，使土壤疏松，同时达到除草、平整土地的作用。这一耕作系统最终在魏晋南北朝时期形成，耙、耱由此成为北方农民耕作生产时必不可少的农具。另外，这一时期还出现了窍瓠（hù）、碌碡（liù zhou）等农业器械。

耙地

让牛牵引耙在田地中前进使土壤疏松，还能除草。

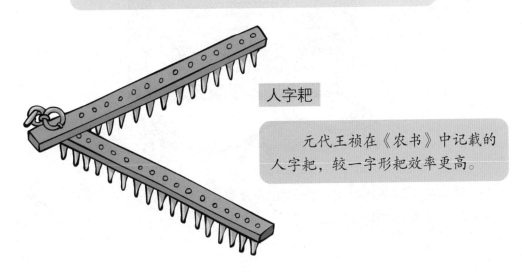

人字耙

元代王祯在《农书》中记载的人字耙，较一字形耙效率更高。

窍瓠

窍瓠是诞生于魏晋时期的播种农具，它的样子看起来有点像葫芦。《齐民要术·种葱》中就有关于窍瓠使用方法的记载。

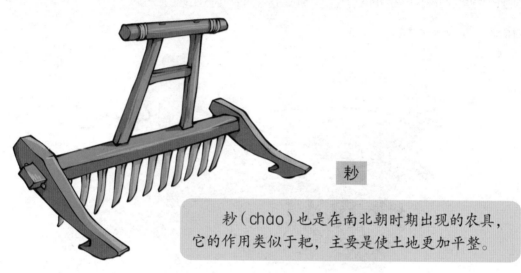

耖

耖（chào）也是在南北朝时期出现的农具，它的作用类似于耙，主要是使土地更加平整。

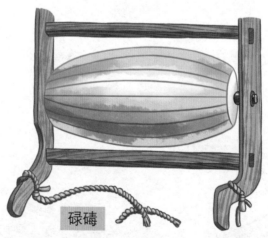

碌碡

碌碡是能够弄碎泥土、压实土地的工具，还可以用它来碾压谷物。这种工具始于南北朝时期，到了隋朝和唐代又有了发展。

涉猎广泛的农学著作

想让果树结出的水果变得又大又好吃，可以采用嫁接的方法。嫁接是把一株植物的枝或芽，嫁接到另一株植物的茎或根上，使接在一起的两个部分长成一个完整的植株。用这种方法改造的果树，结出的果实会融合之前两种植物的特点。这种培育果树的方法，在北魏农学家贾思勰（xié）编著的《齐民要术》中就有详细记载。

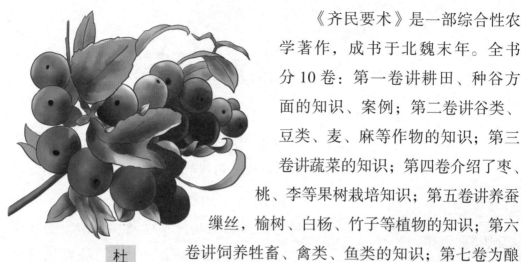

杜

《齐民要术》是一部综合性农学著作，成书于北魏末年。全书分 10 卷：第一卷讲耕田、种谷方面的知识、案例；第二卷讲谷类、豆类、麦、麻等作物的知识；第三卷讲蔬菜的知识；第四卷介绍了枣、桃、李等果树栽培知识；第五卷讲养蚕缫丝，榆树、白杨、竹子等植物的知识；第六卷讲饲养牲畜、禽类、鱼类的知识；第七卷为酿酒的知识；第八、九卷为制造酱油、醋，制墨知识；第十卷记录了热带、亚热带植物的知识。如此丰富、详尽的内容，使这本书成为了古代五大农书之首。

《齐民要术》不光详细介绍了嫁接技术、注意事项和理论知识，还列举了很多嫁接实例。书中写道：棠、杜、桑、枣、石榴五种树木和梨树嫁接是最好的，其中又以棠最好，杜稍微差点，桑最差；枣和石榴嫁接的梨树能结出口感不错的梨，但是果树的成活率较低，嫁接不容易成功。

棠

一种野生果子。

桑

桑即桑葚，不仅美味，还具有药用价值。

《齐民要术》详细介绍了间作、混作和套作的知识。间作就是把不同作物按两两相间的方式种植；混作就是把不同的作物混种在田里；套作就是在前季作物生长后期的株、行或畦间种植后季作物。这一套理论的成型，标志着魏晋时期已经形成了科学的农业种植体系。

间作、混作和套作

　　在桑树的下边种植豆类植物，在葱的中间种上胡荽（suī）……这样不仅可以节约土地，还能轻松地把不同作物的枯枝败叶转换为绿色肥料。

《齐民要术》提出了选育良种的重要性，共搜集 80 多个谷类农作物品种，并按照成熟期、植株高度、产量等特性进行分析比较，同时记述了种子播种前应做哪些工作，才能让播种下去的种子发育完全。

促进莲子发芽的方法

《齐民要术》一书中的知识非常实用，比如介绍促进莲子发芽的知识时，说道：莲子有坚硬的外壳，所以发芽率不高。种植莲子之前可以用瓦片把它的顶部磨薄，底部要用泥巴封好，然后投入湖中种植，种子重的一头落入水中后会自然下沉。

酿造酒、醋、酱

《齐民要术》一书中还阐述了酒、醋、酱、糖稀等的制作过程，以及食品保存等知识。从书中记载的工艺流程来看，当时的人对微生物在生物酿造过程中所起的作用已有所认识。

《齐民要术》中关于牲畜繁殖、养殖的知识，也写得非常翔实。例如，养猪和养牛羊一样，应以圈养和放养结合的方式饲养；要想让猪长得更快，可以把猪圈建造得小一点，减少猪的活动范围；马匹容易得急心黄和黑汗症，要医治这些病可以采用放血疗法。

书中还说：马和驴杂交的后代骡子体格更加强壮，但前提是要重视杂交对象的选择，只有体格强壮的马和驴杂交的后代才有好体格。但骡子失去了繁殖后代的能力，因此要防止母骡子和其他马和驴混养。

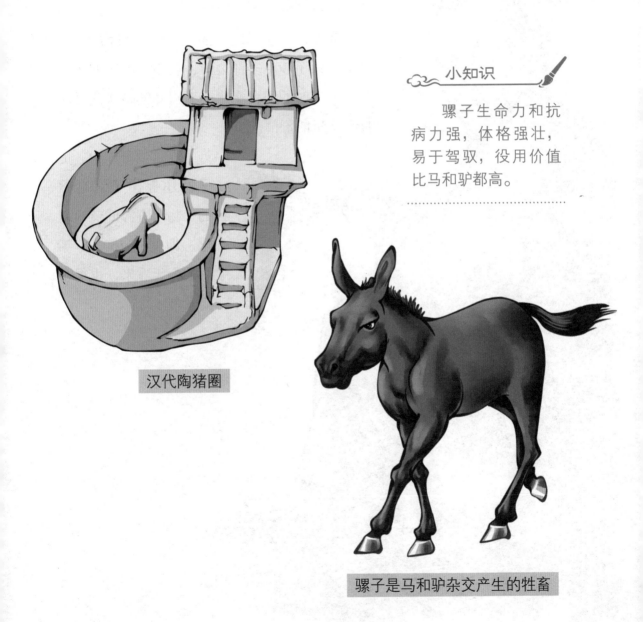

小知识

骡子生命力和抗病力强，体格强壮，易于驾驭，役用价值比马和驴都高。

汉代陶猪圈

骡子是马和驴杂交产生的牲畜

　　《齐民要术》很重视对农业生产、科学技术与经济效益的综合分析，描述了多种经营的可行性，力促增加农民的收入。例如有关种白杨的一节中，贾思勰分析了白杨的生长周期、田亩产出效率，最后得出"种植收入相当可观"的结论。书中还介绍了许多种以小本钱赚大钱的方法。可以说，贾思勰不仅是一个农业学家，还是一位经济学家。

　　此外，《齐民要术》还是一部"美食著作"，书中介绍了 300 多种菜肴、点心的制作方法，对研究当时的饮食文化，不同民族的饮食习惯具有珍贵的价值。

　　在这部著作中，贾思勰还提出了对自然的、物质资源的节约理念，即便在 1600 多年后的今天看来，也很有启发性。

贾思勰像

探秘古代采矿冶铜技术

我国的采矿业发源很早。20世纪70年代，人们在湖北大冶铜绿山附近就挖到了一些古老的木制巷道，后经过考古专家考证，这些都是商代后期至汉末的古矿井栈道。

通过继续对铜绿山古铜矿的勘查，我们对古代矿井的结构有了进一步认识。矿井中的木支护是古代采矿工人的生命屏障。这些木支护承受了来自井壁四周的压力，降低了塌方事故的发生率，保证了工人的生命安全。为了让这种纯木制的支护更稳固，人们在长期摸索后找到了最合理的建筑构架方式，即在木头两端砍出阶梯式口，将简单的榫卯结构加入支护中。直到几千年后的现代人发现这座古矿井时，部分木支护仍牢固地支撑着井壁。

铜绿山古矿井结构

铜绿山竖井结构

古铜矿的排水和通风系统也有很高的技术含量。在铜绿山众多的古矿井中，最大的井深可达 60 余米，低于地下水位 200 余米，那古人是怎么排出地下水的呢？聪明的工匠们利用木制水槽等简单工具，构建了一套完善的地下排水系统：首先，用水槽把井道中的地下水引入排水道，再引入井底的积水坑，井底的积水坑通过竖井与地面相通，这样矿工们就可以用木桶将坑中的水提出矿井了。

人们在挖掘井道的时候，还善于利用地势特点，利用不同井口的气压差制造自然风流，将空气引入巷道。在矿井气压差不足时，就在井底点燃火堆，加热空气产生对流。这样，新鲜的空气就能不断被送入地底深处，从而解决了通风问题。

在东晋时的史书《华阳国志·南中志》中，出现了云南东川产白铜的记载，这是我国最早的白铜冶炼记录。白铜是以镍为主要添加元素的合金，呈银白色，具有较高的硬度和耐腐蚀性，它的出现说明古人对合金的认识程度已经相当高。东川产白铜，也说明了东川冶铜历史之久远和技术之进步，代表了我国古代冶金业发展的杰出成就。

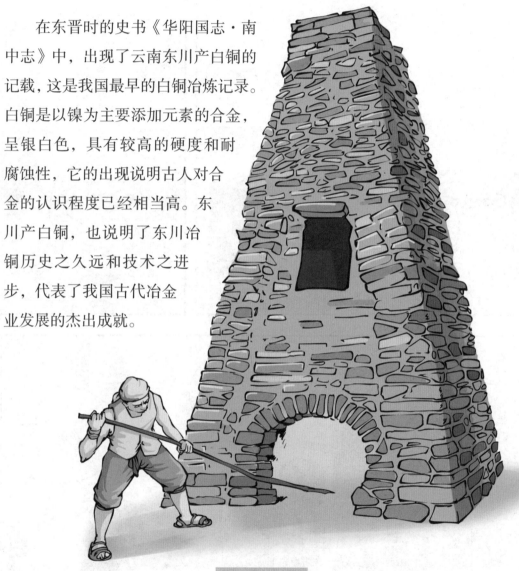

东川炼铜炉

东晋时的史书中就有东川产白铜的记载。到了明清时期，东川再次成了冶铜产业基地。今天东川茂麓村仍存有许多炼铜炉遗址。

小剧场：魏晋南北朝的服饰

哇！她们的衣服颜色好漂亮啊。

等下演出结束了，我们再去看看博物馆的纺织物藏品吧。

古人的衣服都是用天然染料染色的，不仅好看还很环保。

哇！

色彩斑斓的织物

三国时，诸葛亮为振兴蜀国经济，大力倡导织锦，使蜀国的纺织业迅速发展壮大起来。蜀国的织锦不仅出口到魏国和吴国，还远销到了海外。

北朝时期，来自中亚波斯的纹样也出现在了织锦中。北朝织锦的纹样有两种不同的倾向，一种是继承了汉锦风格的云气动物纹锦，另一种则带有明显的西域文化色彩，比如在波斯萨珊王朝很流行的连珠纹。

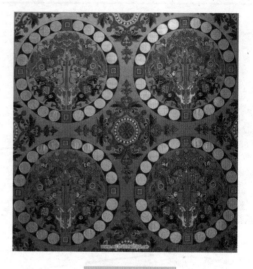

连珠纹织锦

连珠纹织锦

南北朝时，纺织工人为躲避战乱大量南迁，纺织业中心也开始从北方往南方迁移。各个地方都设置少府监管织造行业，使纺织业生产无论数量还是质量都有大幅提升。当时，棉布已经普及，社会上还出现了棉丝混纺的织物。根据《梁书》记载，当时的人们还将棉纱染色织成色织锦布，在社会上很受欢迎。

东晋彩色织成履

丝履出土于新疆阿斯塔那。使用9种彩色丝线织成花边和"富且昌、宜侯王、天延命长"10个隶书汉字。

北朝方格兽纹锦

东汉时，印染技术已经比较成熟，汉朝许慎就曾在《说文解字》中记录道：当时的人们已经可以印染 14 种颜色，即大红、绛红、粉红、黄色、淡黄、浅栗、紫、宝蓝、翠蓝、叶绿、白等。这些印染技术也在魏晋南北时得到了传承和发展。

我国古代的织物印染均采用草木染料，贾思勰在《齐民要术》中就记载了从蓝草中提取靛蓝的方法：将蓝草用重石压住，加热一夜再冷却一夜，过滤后将植物汁液装入容器，加入石灰搅拌，过滤后再装入坑中，等蓝草纤维形如糨糊，再次过滤就可以得到靛蓝染料了。用靛蓝染制的蓝花棉布颜色浓艳、亮丽而不妖媚，广受社会各界欢迎。

进行绞缬蓝染操作的工人

汉朝至魏晋时期还使用了新的染料植物——红花。红花含有红色素，可以直接上染丝、麻、棉、毛纤维，色彩艳丽纯正。红花在汉朝时由西亚传入中国，魏晋时，北方地区已普遍种植红花，当时的人们将其作为胭脂原料。南北朝时，红花更是得到大面积推广。我国现存最早的扎染实物就是用红花染成的。

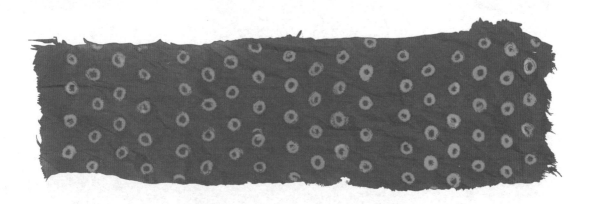

新疆阿斯塔那出土的大红绞缬绢

以针线缝扎方法将花纹部分以十字折叠，用绳捆紧，浸入染料，染成后拆除扎线，形成有规律的花纹。

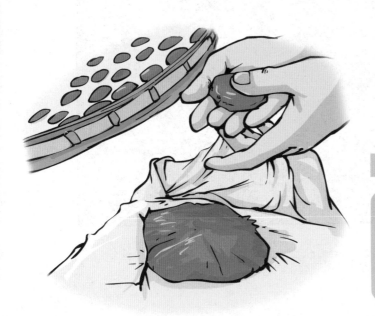

制作红花饼

用红花制作染料时，要先将其泡水，加入酸粟或米泔清淘洗后制作成红花饼，晾干后待用。

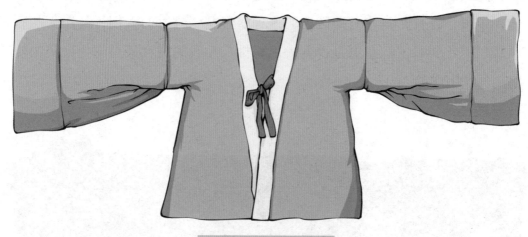

北朝紫色绞缬绢衣

此绢衣为北朝实物，由中国丝绸博物馆根据历史记录对其进行了修复。绢衣为短身，两襟下摆处微微相交，袖子为喇叭形宽袖，靠近腋下拼缝处横向打褶。绢衣单层无衬里，衣襟上有红、褐两组系带，用于系结。

北朝紫色绢衣绞缬纹样

魏晋时，建康（今南京）的染黑技术著称于世，所染的黑色丝绸质量相当高，但一般平民穿不起，大多为有钱人享用。晋朝时，在秦淮河南还有一个乌衣巷，据说住在乌衣巷的贵族子弟以及军士都穿乌衣，即黑色的绸衣。南京出产的黑绸直至新中国成立以后还驰名中外。

魏晋南北朝时期，传统的深衣已不被男子采用，但在妇女中间却仍有人穿着。这一时期，男子多穿宽大外衣，外衣内或穿一件类似今天吊带衫的内衣。另外，或许受北方游牧民族的影响，中原男子也开始穿着上衣和裤装。同时期的女子爱穿褂衣，并将褂衣衣裾的尖角加长，形成一种飘逸的美感。

东晋《洛神赋图》中魏晋男子服装

魏晋的名士多着宽大外衣，大袖翩翩。上衣中腰部的位置有向下拼接的布片，这是腰襦，有一定装饰作用。

迅速发展的青瓷业

　　中国被称为瓷器的故乡，但在南北朝之前，人们使用的生活器物普遍是漆器。商周时虽然出现了原始瓷器，但由于质量不好，并未得到普及。东汉至两晋时期，随着社会经济和贸易运输的发展，人们迫切需要大量更廉价的生活商品，这时的烧瓷技术也有了进步，瓷器作为一种新型消费品受到了欢迎。

　　早期的瓷主要是青瓷，这是以陶瓷釉色而得名的。釉是覆盖在陶瓷制品表面的无色或有色的玻璃质薄层，将矿物原料制成釉浆涂抹在器物表面，再同器物一起烧造后就可得到。魏晋南北朝时期，设釉的工艺越发成熟，窑厂烧造的青瓷不仅美观而且价格低廉，这使青瓷产品取代了一部分漆器和金属器。

魏晋南北朝是江南瓷业迅速发展的时期，当时窑场遍布于今天的浙江省，其中较出名的分别是早期的越窑、瓯窑、婺州窑、德清窑，以及江苏宜兴的均山窑。众多窑场中，又以越窑发展最快、窑场分布最广、瓷器质量最高。越窑的产品品种繁多、样式新颖，除了生产大量日用品外，还生产了大批殉葬用的冥器。

西晋青瓷辟邪

辟邪是传说中的神兽，古人相信它可以驱邪除祟。这件青瓷造型生动，是西晋青瓷中的佳作。

西晋青瓷熊尊

熊呈坐姿，左爪搭在膝上，右爪拿着食物，双眼圆睁。整个器形借助模具制成，头顶有一注水孔。它造型生动，制作精细，是魏晋南北朝时期的青瓷精品。

1948 年在河北景县封氏墓群出土的一批瓷器是目前发现的最早的北方青瓷。其中有 4 件莲花尊，不仅体积高大，造型宏伟，而且装饰瑰丽，器身上下遍施纹饰。要烧造这样大型的青瓷，还能保证成品不变形、各部位完美端整，是非常不容易的。而且，它们的釉与胎之间结合得很牢固，经过 1500多年都无脱釉现象，证明当时的青瓷工艺已相当进步了。

北齐青瓷莲花尊

北齐白釉绿彩长颈瓶

这件莲花尊现藏于中国国家博物馆。尊高 59.5 厘米，口径 12.2 厘米，底径 20.2 厘米，装饰细腻繁复，釉色莹润，是南北朝时北方青瓷的代表作。北方瓷器胎骨较薄，常饰有莲花纹。

后记

　　华夏五千年的历史源远流长，各种重要的科技成就层出不穷，为人类文明的发展作出了不可磨灭的卓越贡献，这是我们每一位中国人的骄傲。不过，我国虽然历来有著史的传统，但对专门的科技发展史却着墨不多。近现代，英国科技史专家李约瑟所著的《中国科学技术史》是一部有影响力的学术著作，书中有着这样的盛赞："中国文明在科学技术史上曾起过从来没有被认识到的巨大作用。"

　　不过，像《中国科学技术史》这样的科技史学著作篇幅浩瀚，囊括数学、天文、地理、生物等各个领域。如何把宏大的科技史用浅显的语言讲述给孩子们，是我一直思考的问题。让儿童也了解我国的科技史，进而对科技产生兴趣，对华夏文明产生强烈的自豪感，那真是意义非凡。

　　经过长时间的积累和创作，这套专门给少年儿童阅读的中国科技史——《科技史里看中国》诞生了。希望这套书的问世能填补青少年科技史类读物的空白。这套书图文并茂，故事性强，符合儿童的心理特点，以朝代为线索将科技史串联起来，有利于孩子了解历史进程。

　　希望《科技史里看中国》能够带孩子们纵览科技史，从历史中汲取智慧和力量，提升孩子们的创造力和科学素养。